El aire que nos rodea

escrito por Luana K. Mitten y Mary M. Wagner
traducido por Yanitzia Canetti

Contenido

ROURKE CLASSROOM RESOURCES
The path to student success

Respiramos aire

¡El **aire** es **invisible**! No podemos verlo. Pero sabemos que hay aire a nuestro alrededor.

Cuando **inhalas**, el aire entra a tus pulmones. Cuando **exhalas**, el aire sale.

Necesitamos el aire para vivir. Los astronautas tienen que respirar el aire de los tanques cuando exploran el espacio.

Los buzos tienen que respirar el aire de los tanques cuando exploran bajo el agua.

El aire mueve las cosas

Cuando estás afuera, sientes cómo se mueve el aire. El aire en movimiento se llama **viento**.

Los veleros se mueven a través del agua. El viento empuja las velas.

El aire en movimiento esparce las diminutas semillas de diente de león.

El aire hace girar el molinete. ¿Alguna vez has hecho un molinete?

El viento hace girar las aspas de un molino.

Podemos usar el aire para elevar las cosas. Los dirigibles son globos que transportan a las personas.

El aire y el clima

Cuando el clima cambia, el aire se mueve.

El aire cálido se eleva. Si
está húmedo, puede
formar nubes.

Durante una tormenta, el aire puede moverse muy rápido.

Los meteorólogos estudian el clima. Una de las cosas que estudian es el movimiento del aire.

manga de viento

veleta

El aire que nos rodea es invisible. Pero podemos usar instrumentos para ver su movimiento.